Johann Wolfgang von Goethe

Versuch die Metamorphose der Pflanzen zu erklären

Johann Wolfgang von Goethe

Versuch die Metamorphose der Pflanzen zu erklären

ISBN/EAN: 9783741101083

Hergestellt in Europa, USA, Kanada, Australien, Japan

Cover: Foto ©berggeist007 / pixelio.de

Manufactured and distributed by brebook publishing software
(www.brebook.com)

Johann Wolfgang von Goethe

Versuch die Metamorphose der Pflanzen zu erklären

Versuch

die

Metamorphose der Pflanzen

zu erklären

von

J. W. von Göthe.

Gotha.

Ettingersche Buchhandlung.

1790.

Non quidem me fugit nebulis subinde hoc emersuris iter offundi, istae tamen dissipabantur facile ubi plurimum uti licebit experimentorum luce, natura enim sibi semper est similis licet nobis saepe ob necessarium defectum observationum a se dissentire videatur.

Linnaei Prolepsis Plantarum. Diss. 1.

I n h a l t.

Einleitung.

---

§. 1.

Ein jeder, der nur das Wachsthum der Pflanzen einigermaßen beobachtet, wird leicht bemerken, daß gewisse äußere Theile derselben, sich manchmal verwandeln und in die Gestalt der nächstliegenden Theile bald ganz, bald mehr oder weniger übergehen.

§. 2.

So verändert sich, zum Beispiel, meistens die einfache Blume dann in eine gefüllte, wenn sich anstatt der Staubfäden und Staubbeutel, Blumenblätter entwickeln, die entweder an Gestalt und Farbe vollkommen den übrigen Blättern der Krone gleich sind, oder noch sichtbare Zeichen ihres Ursprungs an sich tragen.

1

2

§. 3.

Wenn wir nun bemerken, dafs es auf diese
Weise der Pflanze möglich ist, einen Schritt
rückwärts zu thun, und die Ordnung des Wachsthums umzukehren; so werden wir auf den
regelmäfsigen Weg der Natur desto aufmerksamer gemacht, und wir lernen die Gesetze
der Umwandlung kennen, nach welchen sie
einen Theil durch den andern hervorbringt,
und die verschiedensten Gestalten durch Mo-
dification eines einzigen Organs darstellt.

§. 4.

Die geheime Verwandtschaft der verschiedenen äufsern Pflanzentheile, als der Blätter,
des Kelchs, der Krone, der Staubfäden, welche
sich nach einander und gleichsam aus einander
entwickeln, ist von den Forschern im allge-
meinen längst erkannt, ja auch besonders be-
arbeitet worden, und man hat die Wirkung,
wodurch ein und dasselbe Organ sich uns man-
nigfaltig verändert sehen läfst, die Metamorphose der Pflanzen genannt.

§. 5.

Es zeigt sich uns diese Metamorphose auf

dreierlei Art: r e g e l m ä f s i g, u n r e g e l m ä-
f s i g, und z u f ä l l i g.

§. 6.

Die r e g e l m ä f s i g e Metamorphose können wir auch die f o r t s c h r e i t e n d e nennen: denn sie ist es, welche sich von den ersten Samenblättern bis zur letzten Ausbildung
der Frucht immer stufenweise wirksam bemerken läfst, und durch Umwandlung einer
Gestalt in die andere, gleichsam auf einer gei-
stigen Leiter, zu jenem Gipfel der Natur, der
Fortpflanzung durch zwei Geschlechter hinauf
steigt. Diese ist es, welche ich mehrere Jahre
aufmerksam beobachtet habe, und welche zu
erklären ich gegenwärtigen Versuch unter-
nehme. Wir werden auch defswegen bei der
folgenden Demonstration, die Pflanze nur in
so fern betrachten, als sie Einjährig ist, und
aus dem Samenkorne zur Befruchtung unaufhaltsam vorwärts schreitet.

§. 7.

Die u n r e g e l m ä f s i g e Metamorphose
könnten wir auch die r ü c k s c h r e i t e n d o
nennen. Denn wie in jenem Fall die Natur

1*

vorwärts zu dem grofsen Zwecke hineilt, tritt
sie hier um eine oder einige Stufen rückwärts.
Wie sie dort mit unwiderstehlichem Trieb
und kräftiger Anstrengung die Blumen bildet,
und zu den Werken der Liebe rüstet; so er-
schlafft sie hier gleichsam, und läfst unent-
schlossen ihr Geschöpf in einem unentscheide-
nen, weichen, unsern Augen oft gefälligen,
aber innerlich unkräftigen und unwirksamen
Zustande. Durch die Erfahrungen, welche
wir an dieser Metamorphose zu machen Gelegenheit haben, werden wir dasjenige enthül-
len können, was uns die regelmäfsige verheim-
licht, deutlich sehen, was wir dort nur schliefsen dürfen; und auf diese Weise steht es zu
hoffen, dafs wir unsere Absicht am sichersten
erreichen.

§. 8.

Dagegen werden wir von der dritten Metamorphose, welche zufällig, von aufsen,
besonders durch Insecten gewirkt wird, unsere Aufmerksamkeit wegwenden, weil sie uns
von dem einfachen Wege, welchem wir zu
folgen haben, ableiten und unsern Zweck ver-
rücken könnte. Vielleicht findet sich an einem

andern Orte Gelegenheit, von diesen monströsen, und doch in gewisse Gränzen eingeschränkten Auswüchsen zu sprechen.

I. Von den Samenblättern.

§. 10.

Da wir die Stufenfolge des Pflanzen-Wachsthums zu beobachten uns vorgenommen haben, so richten wir unsere Aufmerksamkeit sogleich in dem Augenblick auf die Pflanze, da sie sich aus dem Samenkorn entwickelt. In dieser Epoche können wir die Theile, welche unmittelbar zu ihr gehören, leicht und genau erkennen. Sie läfst ihre Hüllen mehr oder weniger in der Erde zurück, welche wir auch gegenwärtig nicht untersuchen, und bringt in vielen Fällen, wenn die Wurzel sich in den Boden befestigt hat, die ersten Organe ihres obern Wachsthums, welche schon unter der Samendecke verborgen gegenwärtig gewesen, an das Licht hervor.

§. 11.

Es sind diese ersten Organe unter dem Namen Cotyledonen bekannt; man hat sie auch Samenklappen, Kernstücke, Samenlappen, Samenblätter genannt, und so die verschiedenen Gestalten, in denen wir sie gewahr werden, zu bezeichnen gesucht.

§. 12.

Sie erscheinen oft unförmlich, mit einer
rohen Materie gleichsam ausgestopft, und eben
so sehr in die Dicke als in die Breite ausgedehnt; ihre Gefäße sind unkenntlich, und
von der Masse des Ganzen kaum zu unterschei-
den; sie haben fast nichts ähnliches von einem Blatte, und wir können verleitet werden, sie für besondere Organe anzusehen.

§. 13.

Doch nähern sie sich bei vielen Pflanzen
der Blattgestalt; sie werden flächer, sie nehmen, dem Licht und der Luft ausgesetzt, die
grüne Farbe in einem höhern Grade an, die in
ihnen enthaltenen Gefäße werden kenntlicher,
den Blattrippen ähnlicher.

§. 14.

Endlich erscheinen sie uns als wirkliche
Blätter, ihre Gefäße sind der feinsten Ausbildung fähig, ihre Aehnlichkeit mit den folgenden Blättern erlaubt uns nicht, sie für besondere Organe zu halten, wir erkennen sie vielmehr für die ersten Blätter des Stengels.

§. 15.

Läfst sich nun aber ein Blatt nicht ohne
Knoten, und ein Knoten nicht ohne Auge denken, so dürfen wir folgern, dafs derjenige
Punkt, wo die Cotyledonen angeheftet sind,
der wahre erste Knotenpunkt der Pflanze sey.
Es wird dieses durch diejenigen Pflanzen be-
kräftiget, welche unmittelbar unter den Flü-
geln der Cotyledonen, junge Augen hervortreiben, und aus diesen ersten Knoten vollkommene Zweige entwickeln, wie z. B. Vicia
Faba zu thun pflegt.

§. 16.

Die Cotyledonen sind meist gedoppelt,
und wir finden hierbei eine Bemerkung zu
machen, welche uns in der Folge noch wich-
tiger scheinen wird. Es sind nemlich die
Blätter dieses ersten Knotens oft auch dann
gepaart, wenn die folgenden Blätter des
Stengels wechselsweise stehen, es zeigt
sich also hier eine Annäherung und Verbindung der Theile, welche die Natur in der Folge trennt und von einander entfernt. Noch
merkwürdiger ist es, wenn die Cotyledonen
als viele Blättchen um Eine Axe versammlet

erscheinen, und der aus ihrer Mitte sich nach
und nach entwickelnde Stengel, die folgenden
Blätter einzeln um sich herum hervorbringt,
welcher Fall sehr genau an dem Wachsthum
der Pinusarten sich bemerken läfst. Hier bildet ein Kranz von Nadeln gleichsam einen
Kelch, und wir werden in der Folge, bei
ähnlichen Erscheinungen, uns des gegenwärtigen Falles wieder zu erinnern haben.

§. 17.

Ganz unförmliche einzelne Kernstücke solcher Pflanzen, welche nur mit Einem Blatte
keimen, gehen wir gegenwärtig vorbei.

§. 18.

Dagegen bemerken wir, dafs auch selbst
die blattähnlichsten Cotyledonen, gegen die
folgenden Blätter des Stengels gehalten, immer
unausgebildeter sind. Vorzüglich ist ihre Peripherie höchst einfach, und an derselben sind
so wenig Spuren von Einschnitten zu sehen
als auf ihren Flächen sich Haare oder andere
Gefäfse ausgebildeter Blätter bemerken lassen.

II. Ausbildung der Stengelblätter von Knoten zu Knoten.

§. 19.

Wir können nunmehr die successive Ausbildung der Blätter genau betrachten, da die fortschreitenden Wirkungen der Natur alle vor unsern Augen vorgehen. Einige oder mehrere der nun folgenden Blätter sind oft schon in dem Samen gegenwärtig, und liegen zwischen den Cotyledonen eingeschlossen; sie sind in ihrem zusammengefalteten Zustande unter dem Namen des Federchens bekannt. Ihre Gestalt verhält sich gegen die Gestalt der Cotyledonen und der folgenden Blätter an verschiedenen Pflanzen verschieden, doch weichen sie meist von den Cotyledonen schon darin ab, dafs sie flach, zart und überhaupt als wahre Blätter gebildet sind, sich völlig grün färben, auf einem sichtbaren Knoten ruhen, und ihre Verwandtschaft mit den folgenden Stengelblättern nicht mehr verleugnen können; welchen sie aber noch gewöhnlich darin nachstehen, dafs ihre Peripherie, ihr Rand nicht vollkommen ausgebildet ist.

§. 20.

Doch breitet sich die fernere Ausbildung
unaufhaltsam von Knoten zu Knoten durch das
Blatt aus, indem sich die mittlere Rippe desselben verlängert und die von ihr entsprin-
gende Nebenrippen sich mehr oder weniger
nach den Seiten ausstrecken. Diese verschiedenen Verhältnisse der Rippen gegen einander
sind die vornehmste Ursache der mannigfaltigen Blattgestalten. Die Blätter erscheinen nunmehr eingekerbt, tief eingeschnitten, aus mehreren Blättchen zusammengesetzt, in welchem
letzten Falle sie uns vollkommene kleine Zweige vorbilden. Von einer solchen successiven
höchsten Vermannigfaltigung der einfachsten
Blattgestalt gibt uns die Dattelpalme ein auf-
fallendes Beispiel. In einer Folge von mehreren Blättern schiebt sich die Mittelrippe vor,
das fächerartige einfache Blatt wird zerrissen,
abgetheilt, und ein höchst zusammengesetztes
mit einem Zweige wetteiferndes Blatt wird
entwickelt.

§. 21.

In eben dem Maße, in welchem das Blatt
selbst an Ausbildung zunimmt, bildet sich

auch der Blattstiel aus, es sey nun dafs er unmittelbar mit seinem Blatte zusammen hange,
oder ein besonderes in der Folge leicht abzu-
trennendes Stielchen ausmache.

§. 22.

Dafs dieser für sich bestehende Blattstiel
gleichfalls eine Neigung habe, sich in Blätter-
gestalt zu verwandeln, sehen wir bei verschiedenen Gewächsen, z. B. an den Agrumen, und
es wird uns seine Organisation in der Folge
noch zu einigen Betrachtungen auffordern,
welchen wir gegenwärtig ausweichen.

§. 23.

Auch können wir uns vorerst in die nähere Beobachtung der Afterblätter nicht ein-
lassen; wir bemerken nur im Vorbeigehen,
dafs sie, besonders wenn sie einen Theil des
Stiels ausmachen, bei der künftigen Umbil-
dung desselben gleichfalls sonderbar verwandelt werden.

§. 24.

Wie nun die Blätter hauptsächlich ihre
erste Nahrung den mehr oder weniger modi-

ficirten wässerigten Theilen zu verdanken haben, welche sie dem Stamme entziehen, so
sind sie ihre gröfsere Ausbildung und Verfeinerung dem Lichte und der Luft schuldig.
Wenn wir jene in der verschlossenen Samen-
hülle erzeugte Cotyledonen, mit einem rohen
Safte nur gleichsam ausgestopft, fast gar nicht,
oder nur grob organisirt, und ungebildet finden; so zeigen sich uns die Blätter der Pflanzen, welche unter dem Wasser wachsen, grö-
ber organisirt als andere, der freien Luft aus-
gesetzte; ja sogar entwickelt dieselbige Pflan-
zenart glättere und weniger verfeinerte Blätter,
wenn sie in tiefen feuchten Orten wächst;
da sie hingegen, in höhere Gegenden versetzt,
rauhe, mit Haaren versehene, feiner ausgear-
beitete Blätter hervorbringt.

§. 25.

Auf gleiche Weise wird die Anastomose
der aus den Rippen entspringenden und sich
mit ihren Enden einander aufsuchenden, die
Blatthäutchen bildenden Gefäfse, durch feinere
Luftarten wo nicht allein bewirkt, doch wenigstens sehr befördert. Wenn Blätter vieler
Pflanzen, die unter dem Wasser wachsen, fa-

denförmig sind, oder die Gestalt von Gewei-
hen annehmen, so sind wir geneigt, es dem
Mangel einer vollkommenen Anastomose zuzuschreiben. Augenscheinlich belehrt uns
hiervon das Wachsthum des Ranunculus aqua-
ticus, dessen unter dem Wasser erzeugte Blätter aus fadenförmigen Rippen bestehen, die
oberhalb des Wassers entwickelten aber völlig
anastomosirt und zu einer zusammenhängen-
den Fläche ausgebildet sind. Ja es läfst sich
an halb anastomosirten, halb fadenförmigen
Blättern dieser Pflanze der Uebergang genau
bemerken.

§. 26.

Man hat sich durch Erfahrungen unterrichtet, dafs die Blätter verschiedene Luftarten
einsaugen, und sie mit den in ihrem Innern
enthaltenen Feuchtigkeiten verbinden; auch
bleibt wohl kein Zweifel übrig, dafs sie diese
feineren Säfte wieder in den Stengel zurück
bringen, und die Ausbildung der in ihrer Nähe liegenden Augen dadurch vorzüglich beför-
dern. Man hat die, aus den Blättern mehrerer Pflanzen, ja aus den Höhlungen der Rohre
entwickelten Luftart untersucht, und sich also
vollkommen überzeugen können.

§. 27.

Wir bemerken bei mehreren Pflanzen, daſs
ein Knoten aus dem andern entspringt. Bei
Stengeln, welche von Knoten zu Knoten ge-
schlossen sind, bei den Cerealien, den Gräsern,
Rohren, ist es in die Augen fallend; nicht eben
so sehr bei andern Pflanzen, welche in der
Mitte durchaus hohl und mit einem Mark oder
vielmehr einem zelligten Gewebe ausgefüllt
erscheinen. Da man nun aber diesem ehemals
sogenannten Mark seinen bisher behaupteten
Rang, neben den andern inneren Theilen der
Pflanze, und wie uns scheint, mit überwie-
genden Gründen, streitig gemacht [1]), ihm den
scheinbar behaupteten Einfluſs in das Wachsthum abgesprochen und der innern Seite der
zweiten Rinde, dem sogenannten Fleisch, alle
Trieb- und Hervorbringungskraft zuzuschreiben nicht gezweifelt hat: so wird man sich
gegenwärtig eher überzeugen, daſs ein oberer
Knoten, indem er aus dem vorhergehenden entsteht und die Säfte mittelbar durch ihn em-
pfängt, solche feiner und filtrirter erhalten,

---

1) H e d w i g, in des Leipziger Magazins drittem Stück.

auch von der inzwischen geschehenen Einwirkung der Blätter geniefsen, sich selbst feiner
ausbilden und seinen Blättern und Augen feinere Säfte zubringen müsse.

§. 23.

Indem nun auf diese Weise die roheren
Flüssigkeiten immer abgeleitet, reinere herbei
geführt werden, und die Pflanze sich stufenweise feiner ausarbeitet, erreicht sie den von
der Natur vorgeschriebenen Punkt. Wir sehen
endlich die Blätter in ihrer gröfsten Ausbreitung und Ausbildung, und werden bald darauf
eine neue Erscheinung gewahr, welche uns
unterrichtet: die bisher beobachtete Epoche
sey vorbei, es nahe sich eine zweite, die Epoche der Blüthe.

III. Uebergang zum Blüthenstande.

§. 29.

Den Uebergang zum Blüthenstande sehen
wir schneller oder langsamer geschehen.
In dem letzten Falle bemerken wir gewöhnlich, dafs die Stengelblätter von ihrer Peripherie herein sich wieder anfangen zusammen
zu ziehen, besonders ihre mannigfaltigen äufsern Eintheilungen zu verlieren, sich dagegen
an ihren untern Theilen, wo sie mit dem Stengel zusammen hängen, mehr oder weniger
auszudehnen; in gleicher Zeit sehen wir wo
nicht die Räume des Stengels von Knoten zu
Knoten merklich verlängert, doch wenigstens
denselben gegen seinen vorigen Zustand viel
feiner und schmächtiger gebildet.

§. 30.

Man hat bemerkt, dafs häufige Nahrung
den Blüthenstand einer Pflanze verhindere,
mäfsige, ja kärgliche Nahrung ihn beschleunige.
Es zeigt sich hierdurch die Wirkung der
Stammblätter, von welcher oben die Rede
gewesen, noch deutlicher. So lange noch
rohere Säfte abzuführen sind, so lange müssen

sich die möglichen Organe der Pflanze zu
Werkzeugen dieses Bedürfnisses ausbilden.
Dringt übermäfsige Nahrung zu, so mufs jene
Operation immer wiederholt werden, und der
Blüthenstand wird gleichsam unmöglich. Ent-
zieht man der Pflanze die Nahrung, so erleich-
tert und verkürzt man dagegen jene Wirkung
der Natur: die Organe der Knoten werden
verfeinert, die Wirkung der unverfälschten
Säfte reiner und kräftiger, die Umwandlung
der Theile wird möglich, und geschieht unaufhaltsam.

IV. Bildung des Kelches.

§. 31.

Oft sehen wir diese Umwandlung **schnell**
vor sich gehn, und in diesem Falle ruckt der
Stengel, von dem Knoten des letzten ausgebildeten Blattes an, auf einmal verlängt und
verfeinert, in die Höhe; und versammlet an
seinem Ende mehrere Blätter um eine Axe.

§. 32.

Daſs die Blätter des Kelches eben diesel-
bigen Organe seyen, welche sich bisher als
Stengelblätter ausgebildet sehen lassen, nun
aber oft in sehr veränderter Gestalt, um Einen
gemeinschaftlichen Mittelpunct versammlet stehen, läſst sich wie uns dünkt auf das deutlichste beweisen.

§. 33.

Wir haben schon oben bei den Cotyledonen eine ähnliche Wirkung der Natur bemerkt,
und mehrere Blätter, ja offenbar mehrere
Knoten, um Einen Punct versammelt und neben einander gerückt gesehen. Es zeigen die
Fichtenarten, indem sie sich aus dem Samen-

2*

korn entwickeln, einen Strahlenkranz von
unverkennbaren Nadeln, welche, gegen die
Gewohnheit anderer Cotyledonen, schon sehr
ausgebildet sind, und wir sehen in der ersten
Kindheit dieser Pflanze schon diejenige Kraft
der Natur gleichsam angedeutet, wodurch in
ihrem höheren Alter der Blüthen- und Fruchtstand gewirkt werden soll.

§. 34.

Ferner sehen wir bei mehreren Blumen
unveränderte Stengelblätter gleich unter der
Krone zu einer Art von Kelch zusammenge-
rückt. Da sie ihre Gestalt noch vollkommen
an sich tragen, so dürfen wir uns hier nur
auf den Augenschein und auf die botanische
Terminologie berufen, welche sie mit dem
Namen B l ü t h e n b l ä t t e r Folia floria bezeichnet hat.

§. 35.

Mit mehrerer Aufmerksamkeit haben wir
den oben schon angeführten Fall zu beobachten, wo der Uebergang zum Blüthenstande
l a n g s a m vorgeht, die Stengelblätter nach
und nach sich zusammenziehen, sich verän-

21

dern, und sich sachte in den Kelch gleichsam
einschleichen, wie man solches bei Kelchen
der Strahlenblumen, besonders der Sonnen-
blumen, der Calendeln, gar leicht beobachten
kann.

§. 36.

Diese Kraft der Natur, welche mehrere
Blätter um eine Axe versammlet, sehen wir
eine noch innigere Verbindung bewirken und
sogar diese zusammengebrachten modificirten
Blätter noch unkenntlicher machen, indem sie
solche unter einander manchmal ganz, oft aber
nur zum Theil verbindet, und an ihren Seiten
zusammengewachsen hervorbringt. Die so
nahe an einander gerückten und gedrängten
Blätter berühren sich auf das genauste in ihrem
zarten Zustande, anastomosiron sich durch die
Einwirkung der höchst reinen, in der Pflanze
nunmehr gegenwärtigen Säfte, und stellen
uns die glockenförmigen oder sogenannten
einblätterigen Kelche dar, welche mehr
oder weniger von oben herein eingeschnitten,
oder getheilt, uns ihren zusammengesetzten
Ursprung deutlich zeigen. Wir können uns
durch den Augenschein hiervon belehren, wenn

wir eine Anzahl tief eingeschnittener Kelche
gegen mehrblätterige halten ; besonders wenn
wir die Kelche mancher Strahlenblumen genau betrachten. So werden wir zum Exempel
sehen, daſs ein Kelch der Calendel, welcher
in der systematischen Beschreibung als einfach und vielgetheilt aufgeführt wird,
aus mehreren zusammen und über einander
gewachsenen Blättern bestehe, zu welchen
sich, wie schon oben gesagt, zusammengezogene Stammblätter gleichsam hinzuschleichen.

§. 37.

Bei vielen Pflanzen ist die Zahl und die
Gestalt, in welcher die Kelchblätter, entweder
einzeln oder zusammengewachsen, um die
Axe des Stiels gereihet werden, beständig, so
wie die übrigen folgenden Theile. Auf dieser
Beständigkeit beruhet gröſstentheils die Zu-
nahme, die Sicherheit, die Ehre der botanischen
Wissenschaft, welche wir in diesen letzteren
Zeiten immer mehr haben zunehmen sehen.
Bei andern Pflanzen ist die Anzahl und Bildung
dieser Theile nicht gleich beständig, aber
auch dieser Unbestand hat die scharfe Beob-
achtungsgabe der Meister dieser Wissenschaft

nicht hintergehen können; sondern sie haben
durch genaue Bestimmungen auch diese Ab-
weichungen der Natur gleichsam in einen
engern Kreis einzuschliefsen gesucht.

§. 38.

Auf diese Weise bildete also die Natur
den Kelch; dafs sie mehrere Blätter und folglich mehrere Knoten, welche sie sonst n a c h
e i n a n d e r, und in einiger Entfernung v o n
e i n a n d e r hervorgebracht hätte, z u s a m-
m e n, meist in einer gewissen bestimmten
Zahl und Ordnung um Einen Mittelpunkt
verbindet. Wäre durch zudringende überflüs-
sige Nahrung der Blüthenstand verhindert
worden; so würden sie alsdann aus einander
geruckt, und in ihrer ersten Gestalt erschienen
seyn. Die Natur bildet also im Kelch kein
neues Organ, sondern sie verbindet und mo-
dificirt nur die uns schon bekannt gewordenen
Organe, und bereitet sich dadurch eine Stufe
näher zum Ziel.

V. Bildung der Krone.

§. 39.

Wir haben gesehen, daſs der Kelch durch
verfeinerte Säfte, welche nach und nach in
der Pflanze sich erzeugen, hervorgebracht werde, und so ist er nun wieder zum Organe
einer künftigen weitern Verfeinerung bestimmt.
Es wird uns dieses schon glaublich, wenn wir
seine Wirkung auch bloſs mechanisch erklären.
Denn wie höchst zart und zur feinsten Fil-
tration geschickt müssen Gefäſse werden, welche, wie wir oben gesehen haben, in dem
höchsten Grade zusammen gezogen und an
einander gedrängt sind.

§. 40.

Den Uebergang des Kelchs zur Krone können wir in mehr als Einem Fall bemerken;
denn, obgleich die Farbe des Kelchs noch
gewöhnlich grün und der Farbe der Stengelblätter ähnlich bleibt; so verändert sich die-
selbe doch oft, an einem oder dem andern
seiner Theile, an den Spitzen, den Rändern,
dem Rücken, oder gar an seiner inwendigen
Seite, indessen die äuſsere noch grün bleibt;

und wir sehen mit dieser Färbung jederzeit
eine Verfeinerung verbunden. Dadurch ent-
stehen zweideutige Kelche, welche mit gleichem Rechte für Kronen gehalten werden
können.

§. 41.

Haben wir nun bemerkt, daß von den
Samenblättern herauf eine grofse Ausdehnung
und Ausbildung der Blätter besonders ihrer
Peripherie, und von da zu dem Kelche, eine
Zusammenziehung des Umkreises vor sich
gehe; so bemerken wir, daß die Krone abermals durch eine Ausdehnung hervorgebracht
werde. Die Kronenblätter sind gewöhnlich
gröfser als die Kelchblätter, und es läfst sich
bemerken, dafs wie die Organe im Kelch zusammengezogen werden, sie sich nunmehr als
Kronenblätter durch den Einfluſs reinerer,
durch den Kelch abermals filtrirter Säfte, in
einem hohen Grade verfeint wieder ausdehnen,
und uns neue ganz verschiedene Organe vorbilden. Ihre feine Organisation, ihre Farbe,
ihr Geruch, würden uns ihren Ursprung ganz
unkenntlich machen, wenn wir die Natur nicht
in mehreren aufserordentlichen Fällen belau-
schen könnten.

§. 42.

So findet sich z. B., innerhalb des Kelches
einer Nelke, manchmal ein zweiter Kelch,
welcher zum Theil vollkommen grün, die Anlage zu einem einblätterigen eingeschnittenen
Kelche zeigt; zum Theil zerrissen und an seinen Spitzen und Rändern, zu zarten, ausge-
dehnten, gefärbten wirklichen Anfängen der
Kronenblätter umgebildet wird, wodurch wir
denn die Verwandtschaft der Krone und des
Kelches abermals deutlich erkennen.

§. 43.

Die Verwandtschaft der Krone mit den
Stengelblättern zeigt sich uns auch auf mehr
als eine Art: denn es erscheinen an mehreren
Pflanzen Stengelblätter schon mehr oder weniger gefärbt, lange ehe sie sich dem Blüthenstande nähern; andere färben sich vollkommen
in der Nähe des Blüthenstandes.

§. 44.

Auch gehet die Natur manchmal, indem
sie das Organ des Kelchs gleichsam überspringt,
unmittelbar zur Krone, und wir haben Gelegenheit, in diesem Falle gleichfalls zu beobach-

ten, daſs Stengelblätter zu Kronenblättern
übergehen. So zeigt sich z. B. manchmal an
den Tulpenstengeln ein beinahe völlig ausge-
bildetes und gefärbtes Kronenblatt. Ja noch
merkwürdiger ist der Fall, wenn ein solches
Blatt halb grün, mit seiner einen Hälfte zum
Stengel gehörig an demselben befestigt bleibt,
indeſs sein anderer und gefärbter Theil mit
der Krone empor gehoben, und das Blatt in
zwei Theile zerrissen wird.

§. 45.

Es ist eine sehr wahrscheinliche Meinung,
daſs Farbe und Geruch der Kronenblätter, der
Gegenwart des männlichen Samens in denselben zuzuschreiben sey. Wahrscheinlich befindet er sich in ihnen noch nicht genugsam
abgesondert, vielmehr mit andern Säften verbunden und diluirt; und die schönen Erscheinungen der Farben führen uns auf den Gedanken, daſs die Materie, womit die Blätter ausgefüllt sind, zwar in einem hohen Grade von
Reinheit, aber noch nicht auf dem höchsten
stehe, auf welchem sie uns weiſs und unge-
färbt erscheint.

VI. Bildung der Staub-Werkzeuge.

§. 46.

Es wird uns dieses noch wahrscheinlicher, wenn wir die nahe Verwandtschaft der Kronenblätter mit den Staubwerkzeugen bedenken. Wäre die Verwandtschaft aller übrigen Theile untereinander eben so in die Augen fallend, so allgemein bemerkt und aufser allen Zweifel gesetzt, so würde man gegenwärtigen Vortrag für überflüssig halten können.

§. 47.

Die Natur zeigt uns in einigen Fällen diesen Uebergang regelmäfsig, z. B. bei der Canna, und mehreren Pflanzen dieser Familie. Ein wahres, wenig verändertes Kronenblatt zieht sich am obern Rande zusammen, und es zeigt sich ein Staubbeutel, bei welchem das übrige Blatt die Stelle des Staubfadens vertritt.

§. 48.

An Blumen, welche öfters gefüllt erscheinen, können wir diesen Uebergang in allen seinen Stufen beobachten. Bei mehreren Rosenarten zeigen sich innerhalb der vollkommen

gebildeten und gefärbten Kronenblätter, andere, welche theils in der Mitte theils an der
Seite zusammen gezogen sind: diese Zusammenziehung wird von einer kleinen Schwiele
bewirkt, welche sich mehr oder weniger als
ein vollkommener Staubbeutel sehen läfst,
und in eben diesem Grade nähert sich das Blatt
der einfacheren Gestalt eines Staubwerkzeugs.
Bei einigen gefüllten Mohnen ruhen völlig
ausgebildete Antheren, auf wenig veränderten
Blättern der stark gefüllten Kronen, bei andern
ziehen Staubbeutelähnliche Schwielen die Blätter mehr oder weniger zusammen.

§. 49.

Verwandeln sich nun alle Staubwerkzeuge
in Kronenblätter, so werden die Blumen un-
fruchtbar; werden aber in einer Blume, indem
sie sich füllt, doch noch Staubwerkzeuge entwickelt, so gehet die Befruchtung vor sich.

§. 50.

Und so entstehet ein Staubwerkzeug, wenn
die Organe, die wir bisher als Kronenblätter
sich ausbreiten gesehen, wieder in einem
höchst zusammengezogenen und zugleich in

einem höchst verfeinten Zustande erscheinen.
Die oben vorgetragne Bemerkung wird dadurch
abermals bestätigt und wir werden auf diese
abwechselnde Wirkung der Zusammenziehung
und Ausdehnung, wodurch die Natur endlich
ans Ziel gelangt, immer aufmerksamer gemacht.

VII. Necktarien.

§. 51.

So schnell der Uebergang bei manchen
Pflanzen von der Krone zu den Staubwerkzeugen ist, so bemerken wir doch, daſs die Natur
nicht immer diesen Weg mit einem Schritt
zurücklegen kann. Sie bringt vielmehr Zwi-
schenwerkzeuge hervor, welche an Gestalt
und Bestimmung sich bald dem einen bald dem
andern Theile nähern, und obgleich ihre Bildung höchst verschieden ist, sich dennoch
meist unter Einen Begriff vereinigen lassen:
Daſs es langsame Uebergänge von den
Kelchblättern zu den Staubgefäſsen
seyen.

§. 52.

Die meisten jener verschieden gebildeten
Organe, welche Linné mit dem Namen Necktarien bezeichnet, lassen sich unter diesem
Begriff vereinigen: und wir finden auch hier
Gelegenheit, den groſsen Scharfsinn des auſser-
ordentlichen Mannes zu bewundern, der ohne
sich die Bestimmung dieser Theile ganz deutlich zu machen, sich auf eine Ahndung ver-

liefs und sehr verschieden scheinende Organe
mit Einem Namen zu belegen wagte.

§. 53.

Es zeigen uns verschiedene Kronenblätter
schon ihre Verwandtschaft mit den Staubgefäfsen dadurch, dafs sie, ohne ihre Gestalt
merklich zu verändern, Grübchen oder Glan-
deln an sich tragen, welche einen honigartigen
Saft abscheiden. Dafs dieser eine noch unaus-
gearbeitete nicht völlig determinirte Befruch-
tungs-Feuchtigkeit sey, können wir in denen
schon oben angeführten Rücksichten einigermafsen vermuthen, und diese Vermuthung
wird durch Gründe, welche wir unten anfüh-
ren werden, noch einen höhern Grad von
Wahrscheinlichkeit erreichen.

§. 54.

Nun zeigen sich auch die sogenannten Nec-
tarien als für sich bestehende Theile; und dann
nähert sich ihre Bildung bald den Kronenblättern bald den Staubwerkzeugen. So sind z. E.
die dreizehn Fäden, mit ihren eben so viel
rothen Kügelchen auf den Necktarien der Par-
nassia den Staubwerkzeugen höchst ähnlich.

Andere zeigen sich als Staubfäden ohne Antheren, als an der Vallisneria, der Fewillèa;
wir finden sie an der Pentapetes in einem
Kreise mit den Staubwerkzeugen regelmäfsig
abwechseln, und zwar schon in Blattgestalt;
auch werden sie in der systematischen Beschreibung, als Filamenta castrata petaliformia
aufgeführt. Eben solche schwankende Bildungen sehen wir an der Kiggellaria und der
Passionsblume.

§. 55.

Gleichfalls scheinen uns die eigentlichen
Nebenkronen den Namen der Necktarien
in dem oben angegebenen Sinne zu verdienen.
Denn wenn die Bildung der Kronenblätter
durch eine Ausdehnung geschieht, so werden
dagegen die Nebenkronen durch eine Zusammenziehung, folglich auf eben die Weise wie
die Staubwerkzeuge gebildet. So sehen wir
innerhalb vollkommener, ausgebreiteter Kronen, kleinere, zusammengezogene Nebenkronen wie im Narcissus, dem Nerium, dem
Agrostemma.

§. 56.

Noch sehen wir bei verschiedenen Ge-
schlechtern andere Veränderungen der Blätter,

3

welche auffallender und merkwürdiger sind.
Wir bemerken an verschiedenen Blumen, dafs
ihre Blätter inwendig, unten, eine kleine Ver-
tiefung haben, welche mit einem honigartigen
Safte ausgefüllt ist. Dieses Grübchen, indem
es sich bei andern Blumengeschlechtern und
Arten, mehr vertieft, bringt auf der Rückseite
des Blatts eine Sporn- oder Hornartige Verlän-
gerung hervor, und die Gestalt des übrigen
Blattes wird sogleich mehr oder weniger mo-
dificirt. Wir können dieses an verschiedenen
Arten und Varietäten des Agleys genau bemerken.

§. 57.

Im höchsten Grad der Verwandlung findet
man dieses Organ, z. B. bei dem Aconitum
und der Nigella, wo man aber doch mit gerin-
ger Aufmerksamkeit ihre Blattähnlichkeit bemerken wird; besonders wachsen sie bei der
Nigella leicht wieder in Blätter aus, und die
Blume wird durch die Umwandlung der Necktarien gefüllt. Bei dem Aconito wird man
mit einiger aufmerksamen Beschauung die
Aehnlichkeit der Necktarien und des gewölb-
ten Blattes, unter welchen sie verdeckt stehen,
erkennen.

§. 58.

Haben wir nun oben gesagt, daſs die
Necktarien Annäherungen der Kronenblätter
zu den Staubgefäſsen seyen, so können wir
bei dieser Gelegenheit über die unregelmäſsi-
gen Blumen einige Bemerkungen machen. So
könnten z. E. die fünf äuſsern Blätter des Me-
lianthus als wahre Kronenblätter aufgeführt,
die fünf innern aber als eine Nebenkrone, aus
sechs Necktarien bestehend, beschrieben werden, wovon das obere sich der Blattgestalt am
meisten nähert, das untere, das auch jetzt schon
Necktarium heiſst, sich am weitesten von ihr
entfernt. In eben dem Sinne könnte man die
Carina der Schmetterlings-Blumen ein Necktarium nennen, indem sie unter den Blättern
dieser Blume sich an die Gestalt der Staubwerkzeuge am nächsten heran bildet, und sich
sehr weit von der Blattgestalt des sogenannten
Vexilli entfernt. Wir werden auf diese Weise
die pinselförmigen Körper, welche an dem
Ende der Carina einiger Arten der Polygala
befestigt sind, gar leicht erklären, und uns
von der Bestimmung dieser Theile einen deut-
lichen Begriff machen können.

3*

§. 59.

Unnöthig würde es seyn, sich hier ernst-
lich zu verwahren, dafs es bei diesen Bemerkungen die Absicht nicht sey, das durch die
Bemühungen der Beobachter und Ordner bisher abgesonderte und in Fächer gebrachte zu
verwirren; man wünscht nur durch diese Betrachtungen die abweichenden Bildungen der
Pflanzen erklärbarer zu machen.

VIII. Noch einiges von den Staub-werkzeugen.

§. 60.

Dafs die Geschlechtstheile der Pflanzen durch die Spiralgefäfse wie die übrigen Theile hervorgebracht werden, ist durch mikroscopische Beobachtungen aufser allen Zweifel gesetzt. Wir nehmen daraus ein Argument für die innere Identität der verschiedenen Pflanzentheile, welche uns bisher in so mannigfaltigen Gestalten erschienen sind.

§. 61.

Wenn nun die Spiralgefäfse in der Mitte der Saftgefäfs-Bündel liegen, und von ihnen umschlossen werden; so können wir uns jene starke Zusammenziehung einigermafsen näher denken, wenn wir die Spiralgefäfse, die uns wirklich als elastische Federn erscheinen, in ihrer höchsten Kraft gedenken, so dafs sie überwiegend, hingegen die Ausdehnung der Saftgefäfse subordinirt wird.

§. 62.

Die verkürzten Gefäfsbündel können sich nun nicht mehr ausbreiten, sich einander nicht

mehr aufsuchen und durch Anastomose kein
Netz mehr bilden; die Schlauchgefäfse, welche
sonst die Zwischenräume des Netzes ausfül-
len, können sich nicht mehr entwickeln, alle
Ursachen, wodurch Stengel- Kelch- und Blumenblätter sich in die Breite ausgedehnt haben, fallen hier völlig weg und es entsteht
ein schwacher höchst einfacher Faden.

§. 68.

Kaum dafs noch die feinen Häutchen der
Staubbeutel gebildet werden, zwischen welchen sich die höchst zarten Gefäfse nunmehr
endigen. Wenn wir nun annehmen, dafs hier
eben jene Gefäfse, welche sich sonst verlän-
gerten, ausbreiteten und sich einander wieder
aufsuchten, gegenwärtig in einem höchstzusam-
mengezogenen Zustande sind: wenn wir aus ihnen nunmehr den höchst ausgebildeten Samenstaub hervor dringen sehen, welcher das durch
seine Thätigkeit ersetzt, was den Gefäfsen, die
ihn hervorbringen, an Ausbreitung entzogen
ist: wenn er nun mehr losgelöst die weiblichen Theile aufsucht, welche den Staubgefäfsen
durch gleiche Wirkung der Natur entgegen
gewachsen sind, wenn er sich fest an sie an-

hängt, und seine Einflüsse ihnen mittheilt:
so sind wir nicht abgeneigt, die Verbindung
der beiden Geschlechter eine geistige Anastomose zu nennen, und glauben wenigstens einen
Augenblick die Begriffe von Wachsthum und
Zeugung einander näher gerückt zu haben.

§. 64.

Die feine Materie, welche sich in den
Antheren entwickelt, erscheint uns als ein
Staub; diese Staubkügelchen sind aber nur
Gefäße, worin höchst feiner Saft aufbewahrt
ist. Wir pflichten daher der Meinung derje-
nigen bei, welche behaupten, daß dieser Saft
von den Pistillen, an denen sich die Staubkügelchen anhängen, eingesogen und so die Befruchtung bewirkt werde. Es wird dieses
um so wahrscheinlicher, da einige Pflanzen
keinen Samenstaub, vielmehr nur eine bloße
Feuchtigkeit absondern.

§. 65.

Wir erinnern uns hier des honigartigen
Saftes der Necktarien, und dessen wahrschein-
licher Verwandtschaft mit der ausgearbeitetern
Feuchtigkeit der Samenbläschen. Vielleicht

sind die Necktarien vorbereitende Werkzeuge, vielleicht wird ihre honigartige Feuchtigkeit von den Staubgefäßen eingesogen, mehr determinirt und völlig ausgearbeitet; eine Meinung, die um so wahrscheinlicher wird, da man nach der Befruchtung diesen Saft nicht mehr bemerkt.

§. 66.

Wir lassen hier, obgleich nur im Vorbeigehen, nicht unbemerkt: dafs sowohl die Staubfäden als Antheren verschiedentlich zusammengewachsen sind, und uns die wunderbarsten Beispiele der schon mehrmals von uns angeführten Anastomose und Verbindung der in ihren ersten Anfängen wahrhaft getrennten Pflanzentheile zeigen.

IX. Bildung des Griffels.

§. 67.

War ich bisher bemüht, die innere Identität der verschiedenen, nach einander entwik-
kelten Pflanzentheile, bei der größten Abwei-
chung der äußern Gestalt, so viel es möglich
gewesen, anschaulich zu machen; so wird
man leicht vermuthen können, daß nunmehr
meine Absicht sey, auch die Strucktur der
weiblichen Theile auf diesem Wege zu erklären.

§. 68.

Wir betrachten zuförderst den Griffel von
der Frucht abgesondert, wie wir ihn auch oft
in der Natur finden; und um so mehr können
wir es thun, da er sich in dieser Gestalt von
der Frucht unterschieden zeigt.

§. 69.

Wir bemerken nehmlich daß der Griffel
auf eben der Stufe des Wachsthums stehe,
wo wir die Staubgefäße gefunden haben. Wir
konnten nehmlich beobachten, daß die Staubgefäße durch eine Zusammenzieliung hervor

gebracht werden; die Griffel sind oft in demselbigen Falle, und wir sehen sie, wenn auch
nicht immer mit den Staubgefäfsen von gleichem Maafse, doch nur um weniges länger
oder kürzer gebildet. In vielen Fällen sieht
der Griffel fast einem Staubfaden ohne Anthere
gleich, und die Verwandtschaft ihrer Bildung
ist äufserlich gröfser als bei den übrigen Theilen. Da sie nun beiderseits durch Spiralgefäfse hervorgebracht werden, so sehen wir
desto deutlicher, dafs der weibliche Theil so
wenig als der männliche ein besonderes Organ
sey, und wenn die genaue Verwandtschaft
desselben mit dem männlichen, uns durch
diese Betrachtung recht anschaulich wird, so
finden wir jenen Gedanken, die Begattung eine
Anastomose zu nennen, passender und einleuch-
tender.

§. 70.

Wir finden den Griffel sehr oft aus mehreren einzelnen Griffeln zusammengewachsen,
und die Theile, aus denen er bestehet, lassen
sich kaum am Ende, wo sie nicht einmal
immer getrennt sind, erkennen. Dieses Zu-
sammenwachsen, dessen Wirkung wir schon

öfters bemerkt haben, wird hier am meisten
möglich; ja es mufs geschehen, weil die feinen
Theile vor ihrer gänzlichen Entwickelung in
der Mitte des Blüthenstandes zusammenge-
drängt sind, und sich auf das innigste mit einander verbinden können.

§. 71.

Die nahe Verwandtschaft mit den vorhergehenden Theilen des Blüthenstandes zeigt uns
die Natur in verschiedenen regelmäfsigen Fällen mehr oder weniger deutlich. So ist z. B.
das Pistill der Iris mit seiner Narbe, in völli-
ger Gestalt eines Blumenblattes vor unsern
Augen. Die schirmförmige Narbe der Sara-
cenie zeigt sich zwar nicht so auffallend aus
mehreren Blättern zusammengesetzt, doch ver-
läugnet sie sogar die grüne Farbe nicht. Wollen wir das Mikroscop zu Hülfe nehmen, so
finden wir mehrere Narben, z. E. des Crocus,
der Zanichella, als völlig ein - oder mehrblätterige Kelche gebildet.

§. 72.

Rückschreitend zeigt uns die Natur öfters
den Fall, dafs sie die Griffel und Narben wieder in Blumenblätter verwandelt; z. B. füllt

sich der Ranunculus asiaticus dadurch, daß
sich die Narben und Pistille des Fruchtbehäl-
ters zu wahren Kronenblättern umbilden, indessen die Staubwerkzeuge, gleich hinter der
Krone, oft unverändert gefunden werden. Einige andere bedeutende Fälle werden unten
vorkommen.

§. 73.

Wir wiederholen hier jene oben angezeigte
Bemerkungen, daß Griffel und Staubfäden auf
der gleichen Stufe des Wachsthums stehen,
und erläutern jenen Grund des wechselsweisen
Ausdehnens und Zusammenziehens dadurch
abermals. Vom Samen bis zu der höchsten
Entwickelung des Stengelblattes, bemerkten
wir zuerst eine Ausdehnung, darauf sahen wir
durch eine Zusammenziehung den Kelch ent-
stehen, die Blumenblätter durch eine Ausdehnung, die Geschlechtstheile abermals durch
eine Zusammenziehung; und wir werden nun
bald die größte Ausdehnung in der Frucht,
und die größte Concentration in dem Samen
gewahr werden. In diesen sechs Schritten
vollendet die Natur unaufhaltsam das ewige
Werk der Fortpflanzung der Vegetabilien
durch zwei Geschlechter.

X. Von den Früchten.

Wir werden nunmehr die Früchte zu beobachten haben, und uns bald überzeugen, dafs
dieselben gleichen Ursprungs und gleichen Ge-
setzen unterworfen seyen. Wir reden hier
eigentlich von solchen Gehäusen, welche die
Natur bildet, um die sogenannten bedeckten
Samen einzuschliefsen, oder vielmehr aus dem
Innersten dieser Gehäuse durch die Begattung
eine gröfsere oder geringere Anzahl Samen zu
entwickeln. Dafs diese Behältnisse gleichfalls
aus der Natur und Organisation der bisher be-
trachteten Theile zu erklären seyen, wird
sich mit wenigem zeigen lassen.

§. 75.

Die rückschreitende Metamorphose macht
uns hier abermals auf dieses Naturgesetz aufmerksam. So läfst sich z. B. an den Nelken,
diesen eben wegen ihrer Ausartung so bekann-
ten und beliebten Blumen, oft bemerken, dafs
die Samenkapseln sich wieder in kelchähnliche
Blätter verändern, und dafs in eben diesem
Mafse die aufgesetzten Griffel an Länge ab-

nehmen; ja es finden sich Nelken, an denen
sich das Fruchtbehältnifs in einen wirklichen
vollkommenen Kelch verwandelt hat, indefs
die Einschnitte desselben an der Spitze noch
zarte Ueberbleibsel der Griffel und Narben
tragen, und sich aus dem Innersten dieses
zweiten Kelchs, wieder eine mehr oder weniger vollständige Blätterkrone statt der Samen
entwickelt.

§. 76.

Ferner hat uns die Natur selbst durch regelmäfsige und beständige Bildungen, auf eine
sehr mannigfaltige Weise die Fruchtbarkeit
geoffenbart, welche in einem Blatt verborgen
liegt. So bringt ein zwar verändertes doch
noch völlig kenntliches Blatt der Linde aus
seiner Mittelrippe ein Stielchen und an demselben eine vollkommene Blüthe und Frucht
hervor. Bei dem Ruscus ist die Art, wie Blüthen und Früchte auf den Blättern aufsitzen,
noch merkwürdiger.

§. 77.

Noch stärker und gleichsam ungeheuer
wird uns die unmittelbare Fruchtbarkeit der

Stengelblätter in den Farrenkräutern vor Augen
gelegt; welche durch einen innern Trieb, und
vielleicht gar ohne bestimmte Wirkung zweier
Geschlechter, unzählige, des Wachsthums fä-
hige Samen, oder vielmehr Keime entwickeln
und umherstreuen, wo also ein Blatt an Fruchtbarkeit mit einer ausgebreiteten Pflanze, mit
einem grofsen und ästereichen Baume wettei-
fert.

§. 78.

Wenn wir diese Beobachtungen gegenwärtig behalten; so werden wir in den Sa-
menbehältern, ohnerachtet ihrer mannigfaltigen Bildung, ihrer besonderen Bestimmung
und Verbindung unter sich, die Blattgestalt
nicht verkennen. So, wäre z. B. die Hülse ein
einfaches zusammengeschlagenes, an seinen
Rändern verwachsenes Blatt, die Schoten würden aus mehr übereinander gewachsenen Blättern bestehen, die zusammengesetzten Gehäuse
erklärten sich aus mehreren Blättern, welche
sich um einen Mittelpunkt vereiniget, ihr In-
nerstes gegen einander aufgeschlossen, und
ihre Ränder mit einander verbunden hätten.
Wir können uns hiervon durch den Augen-

schein überzeugen, wenn solche zusammen-
gesetzte Kapseln nach der Reife von einander
springen, da denn jeder Theil derselben sich
uns als eine eröffnete Hülse oder Schote zeigt.
Eben so sehen wir bei verschiedenen Arten
eines und desselben Geschlechts, eine ähnliche
Wirkung regelmäfsig vorgehen: z. B. sind
die Fruchtkapseln der Nigella orientalis, in
der Gestalt von halb mit einander verwachs-
nen Hülsen, um eine Axe versammlet, wenn
sie bei der Nigella Damascena völlig zusammen
gewachsen erscheinen.

§. 79.

Am meisten rückt uns die Natur diese
Blattähnlichkeit aus den Augen, indem sie
saftige und weiche oder holzartige und feste
Samenbehälter bildet; allein sie wird unserer
Aufmerksamkeit nicht entschlüpfen können,
wenn wir ihr in allen Uebergängen sorgfältig
zu folgen wissen. Hier sey es genug, den all-
gemeinen Begriff davon angezeigt und die
Uebereinstimmung der Natur an einigen Bei-
spielen gewiesen zu haben. Die grofse Man-
nigfaltigkeit der Samenkapseln gibt uns künftig
Stoff zu mehrerer Betrachtung.

§. 80.

Die Verwandtschaft der Samenkapseln mit
den vorhergehenden Theilen zeigt sich auch
durch das Stigma, welches bei vielen unmittelbar aufsitzt und mit der Kapsel unzertrenn-
lich verbunden ist. Wir haben die Verwandtschaft der Narbe mit der Blattgestalt schon
oben gezeigt und können hier sie nochmals
aufführen; indem sich bei gefüllten Mohnen
bemerken läfst, dafs die Narben der Samenkapseln in farbige, zarte, Kronenblättern völlig
ähnliche Blättchen verwandelt werden.

§. 81.

Die letzte und gröfste Ausdehnung, welche die
Pflanze in ihrem Wachsthum vornimmt, zeigt
sich in der Frucht. Sie ist sowohl an innerer
Kraft als äufserer Gestalt oft sehr grofs, ja
ungeheuer. Da sie gewöhnlich nach der Befruchtung vor sich gehet; so scheinet der nun
mehr determinirte Same, indem er zu einem
Wachsthum aus der ganzen Pflanze die Säfte
herbeiziehet, ihnen die Hauptrichtung nach
der Samenkapsel zu geben, wodurch denn ihre
Gefäfse genährt, erweitert, und oft in dem
höchsten Grade ausgefüllt und ausgespannt

4

werden. Dafs hieran reinere Luftarten einen grofsen Antheil haben, läfst sich schon aus dem vorigen schliefsen und es bestätigt sich durch die Erfahrung, dafs die aufgetriebenen Hülsen der Colutea reine Luft enthalten.

XI. Von den unmittelbaren Hüllen des Samens.

§. 82.

Dagegen finden wir, daß der Same in dem höchsten Grade von Zusammenziehung und Ausbildung seines Innern sich befindet. Es läßt sich bei verschiedenen Samen bemerken, daß er Blätter zu seinen nächsten Hüllen umbilde, mehr oder weniger sich anpasse, ja meistens durch seine Gewalt sie völlig an sich schliefse und ihre Gestalt gänzlich verwandle. Da wir oben mehrere Samen sich aus und in Einem Blatt entwickeln gesehen, so werden wir uns nicht wundern, wenn ein einzelner Samenkeim sich in eine Blatthülle kleidet.

§. 83.

Die Spuren solcher nicht völlig den Samen angepaßten Blattgestalten, sehen wir an vielen geflügelten Samen z. B. des Ahorns, der Rüster, der Esche, der Birke. Ein sehr merkwürdiges Beispiel, wie der Samenkeim breitere Hüllen nach und nach zusammen zieht, und sich anpaßt, geben uns die drei verschiedenen Kreise verschiedengestalteter Samen der Calendel. Der äußerste Kreis behält noch

4 *

eine mit den Kelchblättern verwandte Gestalt;
nur dafs eine, die Rippe ausdehnende Samenanlage das Blatt krümmt, und die Krümmung
inwendig der Länge nach durch ein Häutchen
in zwei Theile abgesondert wird. Der folgen-
de Kreis hat sich schon mehr verändert, die
Breite des Blättchens und das Häutchen haben
sich gänzlich verloren: dagegen ist die Gestalt
etwas weniger verlängert, die in dem Rücken
befindliche Samenanlage zeigt sich deutlicher
und die kleinen Erhöhungen auf derselben
sind stärker: diese beiden Reihen scheinen
entweder gar nicht, oder nur unvollkommen
befruchtet zu seyn. Auf sie folgt die dritte
Samenreihe in ihrer ächten Gestalt stark ge-
krümmt, und mit einem völlig angepafsten,
und in allen seinen Striefen und Erhöhungen
völlig ausgebildeten involucro. Wir sehen
hier abermals eine gewaltsame Zusammenziehung ausgebreiteter, blattähnlicher Theile,
und zwar durch die innere Kraft des Samens,
wie wir oben durch die Kraft der Anthere das
Blumenblatt zusammengezogen gesehen haben.

XII. Rückblick und Uebergang.

Und so wären wir der Natur auf ihren
Schritten, so bedachtsam als möglich gefolgt;
wir hätten die äufsere Gestalt der Pflanze in
allen ihren Umwandlungen, von ihrer Entwickelung aus dem Samenkorn, bis zur neuen
Bildung desselben begleitet. Und ohne An-
mafsung die ersten Triebfedern der Naturwir-
kungen entdecken zu wollen, auf Aeufserung
der Kräfte, durch welche die Pflanze ein und
eben dasselbe Organ nach und nach umbildet,
unsere Aufmerksamkeit gerichtet. Um den
einmal ergriffenen Faden nicht zu verlassen,
haben wir die Pflanze durchgehends nur als
einjährig betrachtet, wir haben nur die Umwandlung der Blätter, welche die Knoten be-
gleiten, bemerkt, und alle Gestalten aus ihnen
hergeleitet. Allein es wird, um diesem Versuch die nöthige Vollständigkeit zu geben,
nunmehr noch nöthig, von den Augen zu
sprechen, welche unter jedem Blatt verborgen
liegen, sich unter gewissen Umständen entwickeln, und unter andern völlig zu verschwinden scheinen.

XIII. Von den Augen und ihrer Entwickelung.

§. 85.

Jeder Knoten hat von der Natur die Kraft, ein oder mehrere Augen hervorzubringen: und zwar geschieht solches in der Nähe der ihn bekleidenden Blätter, welche die Bildung und das Wachsthum der Augen vorzubereiten und mit zu bewirken scheinen.

§. 86.

In der successiven Entwickelung eines Knotens aus dem andern, in der Bildung eines Blattes an jedem Knoten und eines Auges in dessen Nähe, beruhet die erste, einfache, langsam fortschreitende Fortpflanzung der Vegetabilien.

§. 87.

Es ist bekannt, daß ein solches Auge in seinen Wirkungen eine große Aehnlichkeit mit dem reifen Samen hat; und daß oft in jenem noch mehr als in diesem die ganze Gestalt der künftigen Pflanze erkannt werden kann.

§. 88.

Ob sich gleich an dem Auge ein Wurzel-
punct so leicht nicht bemerken läfst, so ist
doch derselbe eben so darin wie in dem Samen gegenwärtig, und entwickelt sich, besonders durch feuchte Einflüsse, leicht und schnell.

§. 89.

Das Auge bedarf keiner Cotyledonen, weil
es mit seiner schon völlig organisirten Mutterpflanze zusammenhängt, und aus derselbi-
gen, so lang es mit ihr verbunden ist, oder
nach der Trennung von der neuen Pflanze, auf
welche man es gebracht hat; oder durch die
alsobald gebildeten Wurzeln, wenn man einen
Zweig in die Erde bringt, hinreichende Nahrung erhält.

§. 90.

Das Auge besteht aus mehr oder weniger
entwickelten Knoten und Blättern, welche
den künftigen Wachsthum weiter verbreiten
sollen. Die Seitenzweige also, welche aus
den Knoten der Pflanzen entspringen, lassen
sich als besondere Pflänzchen, welche eben so
auf dem Mutterkörper stehen, wie dieser an
der Erde befestigt ist, betrachten.

§. 91.

Die Vergleichung und Unterscheidung beider ist schon öfters, besonders aber vor kur-
zem so scharfsinnig und mit so vieler Genauig-
keit ausgeführt worden, daſs wir uns hier
blofs mit einem unbedingten Beifall darauf
berufen können 2).

§. 92.

Wir führen davon nur so viel an. Die
Natur unterscheidet bei ausgebildeten Pflanzen, Augen und Samen deutlich von einander.
Steigen wir aber von da zu den unausgebilde-
ten Pflanzen herab, so scheint sich der Unter-
schied zwischen beiden selbst vor den Blicken
des schärfsten Beobachters zu verlieren. Es
giebt unbezweifelte Samen, unbezweifelte
Gemmen; aber der Punct, wo wirklich be-
fruchtete, durch die Wirkung zweier Geschlechter von der Mutterpflanze isolirte Samen mit Gemmen zusammentreffen, welche
aus der Pflanze nur hervordringen und sich
ohne bemerkbare Ursache loslösen, ist wohl

2) Gaertner de fructibus et seminibus plantarum.
Cap. 1.

mit dem Verstande, keineswegs aber mit
den Sinnen zu erkennen.

§. 95.

Dieses wohlerwogen, werden wir folgern
dürfen: daß die Samen, welche sich durch
ihren eingeschlossenen Zustand von den Augen, durch die sichtbare Ursache ihrer Bildung und Absonderung von den Gemmen un-
terscheiden, dennoch mit beiden nahe ver-
wandt sind.

XIV. Bildung der zusammengesetzten Blüthen und Fruchtstände.

§. 94.

Wir haben bisher die einfachen Blüthenstände, ingleichen die Samen, welche in Kapseln befestiget, hervorgebracht werden, durch
die Umwandlung der Knotenblätter zu erklären
gesucht; und es wird sich bei näherer Unter-
suchung finden, daſs in diesem Falle sich keine
Augen entwickeln, vielmehr die Möglichkeit
einer solchen Entwickelung ganz und gar auf-
gehoben wird. Um aber die zusammengesetzten Blüthenstände sowohl, als die gemeinschaftlichen Fruchtstände, um Einen Kegel,
Eine Spindel, auf Einem Boden, und so weiter zu erklären, müssen wir nun die Entwik-
kelung der Augen zu Hülfe nehmen.

§. 95.

Wir bemerken sehr oft, daſs Stengel, ohne
zu einem einzelnen Blüthenstande sich lange
vorzubereiten und aufzusparen, schon aus den
Knoten ihre Blüthen hervortreiben, und so
bis an ihre Spitze oft ununterbrochen fort-
fahren. Doch lassen sich die dabei vorkom-

menden Erscheinungen aus der oben vorgetra-
genen Theorie erklären. Alle Blumen, welche
sich aus den Augen entwickeln, sind als ganze
Pflanzen anzusehen, welche auf der Mutterpflanze eben so wie diese auf der Erde stehen.
Da sie nun aus den Knoten reinere Säfte erhalten; so erscheinen selbst die ersten Blätter
der Zweiglein viel ausgebildeter, als die ersten Blätter der Mutterpflanze, welche auf die
Cotyledonen folgen; ja es wird die Ausbildung des Kelches und der Blume oft sogleich
möglich.

§. 96.

Eben diese aus den Augen sich bildende
Blüthen würden bei mehr zudringender Nahrung, Zweige geworden seyn, und das Schick-
sal des Mutterstengels, dem er sich unter
solchen Umständen unterwerfen müßte, gleichfalls erduldet haben.

§. 97.

So wie nun von Knoten zu Knoten sich
dergleichen Blüthen entwickeln, so bemerken
wir gleichfalls jene Veränderung der Stengelblätter, die wir oben bei dem langsamen

Uebergange zum Kelch beobachtet haben. Sie
ziehen sich immer mehr und mehr zusammen,
und verschwinden endlich beinahe ganz. Man
nennt sie alsdann Bracteas, indem sie sich von
der Blattgestalt mehr oder weniger entfernen.
In eben diesem Maße wird der Stiel verdünnt,
die Knoten rücken mehr zusammen, und alle
oben bemerkte Erscheinungen gehen vor, nur
daß am Ende des Stengels kein entschiedener
Blüthenstand folgt, weil die Natur ihr Recht
schon von Auge zu Auge ausgeübt hat.

§. 98.

Haben wir nun einen solchen an jedem
Knoten mit einer Blume gezierten Stengel
wohl betrachtet; so werden wir uns gar bald
einen gemeinschaftlichen Blüthenstand erklären können: wenn wir das, was
oben von Entstehung des Kelches gesagt ist,
mit zu Hülfe nehmen.

§. 99.

Die Natur bildet einen gemeinschaftlichen Kelch, aus vielen Blättern, welche
sie auf einander drängt und um Eine Axe versammlet; mit eben diesem starken Triebe des

Wachsthums entwickelt sie einen gleichsam
unendlichen Stengel mit allen seinen Augen in Blüthengestalt, auf
einmal, in der möglichsten an einander gedrängten Nähe, und jedes Blümchen
befruchtet das unter ihm schon vorbereitete
Samengefäß. Bei dieser ungeheuren Zusammenziehung verlieren sich die Knotenblätter
nicht immer; bei den Disteln begleitet das
Blättchen getreulich das Blümchen, das sich
aus den Augen neben ihnen entwickelt. Man
vergleiche mit diesem Paragraph die Gestalt
des Dipsacus laciniatus. Bei vielen Gräsern
wird eine jede Blüthe durch ein solches Blättchen, das in diesem Falle der Balg genannt
wird, begleitet.

§. 100.

Auf diese Weise wird es uns nun anschaulich seyn, wie die, um einen gemeinsamen Blüthenstand entwik-
kelte Samen, wahre, durch die Wirkung beider Geschlechter ausgebildete und entwickelte Augen seyen.
Fassen wir diesen Begriff fest, und betrachten
in diesem Sinne mehrere Pflanzen, ihren

Wachsthum und Fruchtstände, so wird der Augenschein bei einiger Vergleichung uns am besten überzeugen.

§. 101.

Es wird uns sodann auch nicht schwer seyn, den Fruchtstand der in der Mitte einer einzelnen Blume, oft um eine Spindel versammleten, bedeckten oder unbedeckten Samen zu erklären. Denn es ist ganz einerlei, ob eine einzelne Blume einen gemeinsamen Fruchtstand umgiebt, und die zusammengewachsenen Pistille von den Antheren der Blume die Zeugungssäfte einsaugen und sie den Samenkörnern einflößen, oder ob ein jedes Samenkorn sein eigenes Pistill, seine eigenen Antheren, seine eigene Kronenblätter um sich habe.

§. 102.

Wir sind überzeugt, daß mit einiger Uebung es nicht schwer sey, sich auf diesem Wege die mannigfaltigen Gestalten der Blumen und Früchte zu erklären; nur wird freilich dazu erfordert, daß man mit jenen oben festgestellten Begriffen der Ausdehnung und

Zusammenziehung, der Zusammendrängung
und Anastomose, wie mit Algebraischen For-
meln bequem zu operiren, und sie da, wo sie
hingehören, anzuwenden wisse. Da nun hierbei viel darauf ankommt, dafs man die verschiedenen Stufen, welche die Natur sowohl
in der Bildung der Geschlechter, der Arten,
der Varietäten, als in dem Wachsthum einer
jeden einzelnen Pflanze betritt, genau beob-
achte und mit einander vergleiche: so würde
eine Sammlung Abbildungen zu diesem End-
zwecke neben einander gestellt, und eine Anwendung der botanischen Terminologie auf
die verschiedenen Pflanzentheile blos in dieser
Rücksicht angenehm und nicht ohne Nutzen
seyn. Es würden zwei Fälle von durchgewachsenen Blumen, welche der oben angeführten Theorie sehr zu statten kommen, den
Augen vorgelegt, sehr entscheidend gefunden
werden.

XV. Durchgewachsene Rose.

§. 103.

Alles was wir bisher nur mit der Einbildungskraft und dem Verstande zu ergreifen gesucht, zeigt uns das Beispiel einer durchgewachsenen Rose auf das deutlichste. Kelch und Krone sind um die Axe geordnet und entwickelt, anstatt aber, daſs nun im Centro das Samenbehältniſs zusammengezogen, an demselben und um dasselbe die männlichen und weiblichen Zeugungstheile geordnet seyn sollten, begiebt sich der Stiel halb röthlich halb grünlich wieder in die Höhe; kleinere dunkelrothe zusammengefaltete Kronenblätter, deren einige die Spur der Antheren an sich tragen, entwickeln sich successiv an demselben. Der Stiel wächst fort, schon lassen sich daran wieder Dornen sehn, die folgenden einzelnen gefärbten Blätter werden kleiner und gehen zuletzt vor unsern Augen in halb roth halb grün gefärbte Stengelblätter über, es bildet sich eine Folge von regelmäſsigen Knoten, aus deren Augen abermals, obgleich unvollkommene Rosenknöspchen zum Vorschein kommen.

§. 104.

Es giebt uns eben dieses Exemplar auch noch einen sichtbaren Beweis des oben ausgeführten: daſs nemlich alle Kelche nur in ihrer Peripherie zusammengezogene Folia Floralia seyen. Denn hier bestehet der regelmäſsige um die Axe versammlete Kelch aus fünf völlig entwickelten, drei oder fünffach zusammengesetzten Blättern, dergleichen sonst die Rosenzweige an ihren Knoten hervorbringen.

XVI. Durchgewachsene Nelke.

§. 105.

Wenn wir diese Erscheinung recht beobachtet haben, so wird uns eine andere, welche
sich an einer durchgewachsenen Nelke zeigt,
fast noch merkwürdiger werden. Wir sehen
eine vollkommene, mit Kelch und überdiefs
mit einer gefüllten Krone versehene, auch in
der Mitte mit einer, zwar nicht ganz ausgebildeten', Samenkapsel völlig geendigte Blume.
Aus den Seiten der Krone entwickeln sich vier
vollkommene neue Blumen, welche durch
drei und mehrknotige Stengel von der Mut-
terblume entfernt sind; sie haben abermals
Kelche, sind wieder gefüllt, und zwar nicht
sowohl durch einzelne Blätter als durch Blatt-
kronen, deren Nägel zusammengewachsen sind,
meistens aber durch Blumenblätter, welche
wie Zweiglein zusammengewachsen, und um
einen Stiel entwickelt sind. Ohngeachtet
dieser ungeheuren Entwickelung sind die
Staubfäden und Antheren in einigen gegenwärtig. Die Fruchthüllen mit den Griffeln
sind zu sehen und die Receptakel der Samen
wieder zu Blättern entfaltet, ja in einer dieser

Blumen waren die Samendecken zu einem völligen Kelch verbunden, und enthielten die Anlage zu einer vollkommen gefüllten Blume wieder in sich.

§. 106.

Haben wir bei der Rose einen gleichsam nur halb determinirten Blüthenstand, aus dessen Mitte einen abermals hervortreibenden Stengel, und an demselbigen neue Stengelblätter sich entwickeln gesehen: so finden wir an dieser Nelke, bei wohlgebildetem Kelche und vollkommener Krone, bei wirklich in der Mitte bestehenden Fruchtgehäusen, aus dem Kreise der Kronenblätter, sich Augen entwickeln, und wirkliche Zweige und Blumen darstellen. Und so zeigen uns denn beide Fälle, daſs die Natur gewöhnlich in den Blumen ihren Wachsthum schlieſse und gleichsam eine Summe ziehe, daſs sie der Möglichkeit ins Unendliche mit einzelnen Schritten fortzugehen Einhalt thue, um durch die Ausbildung der Samen schneller zum Ziel zu gelangen.

5*

XVII. Linnées Theorie von der Antici-
pation.

§. 107.

Wenn ich, auf diesem Wege, den einer
meiner Vorgänger, welcher ihn noch dazu,
an der Hand seines grofsen Lehrers versuchte,
so fürchterlich und gefährlich beschreibt 3),
auch hie und da gestrauchelt hätte, wenn ich
ihn nicht genugsam geebnet und zum besten
meiner Nachfolger von allen Hindernissen ge-
reiniget hätte; so hoffe ich doch diese Bemü-
hung nicht fruchtlos unternommen zu haben.

§. 108.

Es ist hier Zeit, der Theorie zu gedenken,
welche Linné zu Erklärung eben dieser Erscheinungen aufgestellt. Seinem scharfen
Blick konnten die Bemerkungen, welche auch
gegenwärtigen Vortrag veranlafst, nicht entge-
hen. Und wenn wir nunmehr da fortschreiten
können wo er stehen blieb, so sind wir es
den gemeinschaftlichen Bemühungen so vieler

---

3) Ferber in Praefatione Dissertationis secundae de
Prolepsi Plantarum.

Beobachter und Denker schuldig, welche
manches Hinderniſs aus dem Wege geräumt,
manches Vorurtheil zerstreuet haben. Eine
genaue Vergleichung seiner Theorie und des
oben ausgeführten würde uns hier zu lange
aufhalten. Kenner werden sie leicht selbst
machen, und sie müſste zu umständlich seyn,
um denen anschaulich zu werden, die über
diesen Gegenstand noch nicht gedacht haben.
Nur bemerken wir kürzlich was ihn hinderte
weiter fort und bis ans Ziel zu schreiten.

§. 109.

Er machte seine Bemerkung zuerst an
Bäumen, diesen zusammengesetzten und lange
daurenden Pflanzen. Er beobachtete, daſs ein
Baum, in einem weitern Gefäſse überflüſsig
genährt, mehrere Jahre hinter einander Zweige
aus Zweigen hervorbringe, da derselbe, in
ein engeres Gefäſs eingeschlossen, schnell Blüthen und Früchte trage. Er sahe, daſs jene successive Entwickelung hier auf einmal zusam-
mengedrängt hervorgebracht werde. Daher
nannte er diese Wirkung der Natur P r o l e p-
s i s, eine A n t i c i p a t i o n, weil die Pflanze
durch die sechs Schritte, welche wir oben be-

merkt haben, sechs Jahre voraus zu nehmen
schien. Und so führte er auch seine Theorie,
bezüglich auf die Knospen der Bäume aus,
ohne auf die einjährigen Pflanzen besonders
Rücksicht zu nehmen, weil er wohl bemerken konnte, daß seine Theorie nicht so gut
auf diese als auf jene passe. Denn nach seiner
Lehre müßte man annehmen, daß jede einjährige Pflanze eigentlich von der Natur bestimmt
gewesen sey sechs Jahre zu wachsen und diese
längere Frist in dem Blüthen- und Fruchtstande auf einmal anticipire und sodann verwelke.

§. 110.

Wir sind dagegen zuerst dem Wachsthum
der einjährigen Pflanze gefolgt; nun läßt sich
die Anwendung auf die daurenden Gewächse
leicht machen da eine aufbrechende Knospe
des ältesten Baumes als eine einjährige Pflanze
anzusehen ist, ob sie sich gleich aus einem
schon lange bestehenden Stamme entwickelt
und selbst eine längere Dauer haben kann.

§. 111.

Die zweyte Ursache, welche Linnéen ver-
hinderte weiter vorwärts zu gehen, war, daß

er die verschiedenen in einander geschlossenen
Kreise des Pflanzenkörpers, die äufsere Rinde,
die innere, das Holz, das Mark, zu sehr als
gleichwirkende, in gleichem Grad lebendige
und nothwendige Theile ansah, und den Ursprung der Blumen und Fruchttheile diesen
verschiedenen Kreisen des Stammes zuschrieb,
weil jene, eben so wie diese, von einander
umschlossen und sich auseinander zu entwik-
keln scheinen. Es war dieses aber nur eine
oberflächliche Bemerkung, welche näher betrachtet sich nirgend bestätiget. So ist die
äufsere Rinde zu weiterer Hervorbringung un-
geschickt, und bei daurenden Bäumen eine
nach aufsen zu verhärtete und abgesonderte
Masse, wie das Holz nach innen zu verhärtet
wird. Sie fällt bei vielen Bäumen ab, andern
Bäumen kann sie, ohne den geringsten Schaden
derselben, genommen werden; sie wird also
weder einen Kelch, noch irgend einen leben-
digen Pflanzentheil hervorbringen. Die zweite Rinde ist es, welche alle Kraft des Lebens
und Wachsthums enthält. In dem Grad in
welchem sie verletzt wird, wird auch das
Wachsthum gestört, sie ist es, welche bei genauer Betrachtung alle äufsere Pflanzentheile

nach und nach im Stengel, oder auf einmal
in Blüthe und Frucht hervorbringt. Ihr wur-
de von Linnéen nur das subordinirte Geschäft
die Blumenblätter hervorzubringen zugeschrie-
ben. Dem Holze ward dagegen die wichtige
Hervorbringung der männlichen Staubwerkzeuge zu Theil: anstatt dafs man gar wohl
bemerken kann, es sey dasselbe ein durch So-
lidescenz zur Ruhe gebrachter, wenn gleich
daurender, doch der Lebenswirkung abgestor-
bener Theil. Das Mark sollte endlich die
wichtigste Function verrichten, die weiblichen Geschlechtstheile und eine zahlreiche
Nachkommenschaft hervorbringen. Die Zweifel, welche man gegen diese grofse Würde
des Markes erregt, die Gründe, die man dagegen angeführt hat sind auch mir wichtig
und entscheidend. Es war nur scheinbar als
wenn sich Griffel und Frucht aus dem Mark
entwickelten, weil diese Gestalten, wenn wir
sie zum ersteumal erblicken, in einem weichen, unbestimmten markähnlichen, paren-
chymatosen Zustande sich befinden, und eben
in der Mitte des Stengels, wo wir uns nur
Mark zu sehen gewöhnt haben, zusammenge-
drängt sind.

XVIII. Wiederholung.

§. 112.

Ich wünsche, dafs gegenwärtiger Versuch
die Metamorphose der Pflanzen zu erklären,
zu Auflösung dieser Zweifel einiges beitragen,
und zu weiteren Bemerkungen und Schlüssen
Gelegenheit geben möge. Die Beobachtungen
worauf er sich gründet, sind schon einzeln
gemacht, auch gesammelt und gereihet worden 4); und es wird sich bald entscheiden, ob
der Schritt, den wir gegenwärtig gethan, sich
der Wahrheit nähere. So kurz als möglich
fassen wir die Hauptresultate des bisherigen
Vortrags zusammen.

§. 113.

Betrachten wir eine Pflanze in sofern sie
ihre Lebenskraft äufsert, so sehen wir dieses
auf eine doppelte Art geschehen, zuerst durch
das Wachsthum indem sie Stengel und
Blätter hervorbringt, und sodann durch die
Fortpflanzung, welche in dem Blüthen-
und Fruchtbau vollendet wird. Beschauen

---

4) B a t s c h Anleitung zur Kenntnifs und Geschichte
der Pflanzen. 1. Theil, 19 Capitel.

§. 116.

· Diese Wirkung der Natur ist zugleich
mit einer andern verbunden, mit der Ver-
sammlung verschiedener Organe um
ein Centrum nach gewissen Zahlen und
Mafsen, welche jedoch bei manchen Blumen
oft unter gewissen Umständen weit überschrit-
ten und vielfach verändert werden.

§. 117.

Auf gleiche Weise wirkt bei der Bildung
der Blüthen und Früchte eine Anastomose
mit, wodurch die nahe an einander gedrängten, höchst feinen Theile der Fructification,
entweder auf die Zeit ihrer ganzen Dauer,
oder auch nur auf einen Theil derselben innigst
verbunden werden.

§. 118.

Doch sind diese Erscheinungen der Annäherung, Centralstellung und Anastomose nicht allein dem Blüthen- und
Fruchtstande eigen; wir können vielmehr
etwas ähnliches bei den Cotyledonen wahr-
nehmen und andere Pflanzentheile werden uns
in der Folge reichen Stoff zu ähnlichen Betrachtungen geben.

welche s p r o f s t, dehnt sich mehr oder weniger aus, sie entwickelt einen Stiel oder Stengel; die Zwischenräume von Knoten zu Knoten
sind meist bemerkbar, und ihre Blätter brei-
ten sich von dem Stengel nach allen Seiten zu
aus. Eine Pflanze dagegen, welche b l ü h t,
hat sich in allen ihren Theilen zusammengezogen, Länge und Breite sind gleichsam aufge-
hoben und alle ihre Organe sind in einem
höchst concentrirten Zustande, zunächst an
einander entwickelt.

§. 115.

Es mag nun die Pflanze sprossen, blühen
oder Früchte bringen, so sind es doch nur
immer d i e s e l b i g e n O r g a n e, welche in
vielfältigen Bestimmungen und unter oft veränderten Gestalten die Vorschrift der Natur
erfüllen. Dasselbe Organ, welches am Stengel
als Blatt sich ausgedehnt und eine höchst mannigfaltige Gestalt angenommen hat zieht sich
nun im Kelche zusammen, dehnt sich in Blu-
menblatte wieder aus, zieht sich in den Ge-
schlechtswerkzeugen zusammen, um sich als
Frucht zum letztenmal auszudehnen.

des Stengelblatt, als wir von einem Stengelblatt sagen können es sey ein, durch Zudrin-
gen roherer Säfte ausgedehntes Kelchblatt.

§. 121.

Eben so läfst sich von dem Stengel sagen;
er sey ein ausgedehnter Blüthen- und Fruchtstand, wie wir von diesem prädicirt haben:
er sey ein zusammengezogener Stengel.

§. 122.

Aufserdem habe ich am Schlusse des Vortrags noch die Entwickelung der Augen in Betrachtung gezogen und dadurch die zusammengesetzten Blumen, wie auch die unbedeckten Fruchtstände zu erklären gesucht.

§. 123.

Und auf diese Weise habe ich mich bemüht eine Meynung, welche viel überzeugen-
des für mich hat, so klar und vollständig als
es mir möglich seyn wollte, darzulegen.
Wenn solche dem ohngeachtet noch nicht völlig zur Evidenz gebracht ist; wenn sie noch
manchen Widersprüchen ausgesetzt seyn, und
die vorgetragne Erklärungsart nicht überall

anwendbar scheinen möchte: so wird es mir
desto mehr Pflicht werden, auf alle Erinne-
rungen zu merken, und diese Materie in der
Folge genauer und umständlicher abzuhandeln,
um diese Vorstellungsart anschaulicher zu
machen, und ihr einen allgemeinern Beifall zu
erwerben, als sie vielleicht gegenwärtig nicht
erwarten kann.

www.ingramcontent.com/pod-product-compliance
Lightning Source LLC
Chambersburg PA
CBHW021957190326
41519CB00009B/1302